Honneurs
à la mathématique

Éthique et pratique médicale

fondée par Richard Moreau
Collection dirigée par Roger Teyssou

La collection « Éthique et pratique médicale » est une tribune qui permet à tous les acteurs du monde de la santé, professionnels, enseignants, administrateurs, économistes et patients d'exposer leurs opinions, de décrire leur expérience et de proposer des solutions aux problèmes posés par une profession en pleine mutation, et ce en toute indépendance et en conformité avec la déontologie et les bonnes pratiques médicales.

Dernières parutions

Sophie GUGLIELMONI, *Soutenir les mineurs isolés face au psychotraumatisme. Une éthique relationnelle à l'aide sociale à l'enfance,* 2024.
Marie-Caroline LAÏ, *Éthique, Intelligence Artificielle et santé. Pour la construction d'un cadre éthique opérationnel*, 2024.
Jacques JAUME et Nathalie RIVIÈRE, *L'Accompagnée*, 2024.
Éric BASEILHAC, *Mythologie du médicament*, 2024.
Mohamed Naceur KRIFI, *L'Homo-cobayeur. Expérimentations médicales* in*humaines*, 2024.
Olivier NKULU KABAMBA, *Le cancer et la sorcellerie. Narration d'un malentendu étiologique et clinique en médecine*, 2024.
Jacques JAUME et Nathalie RIVIÈRE, *Voyage au cœur du deuil,* 2023.
Michel BOLLA, *Cancer et parcours de soins, L'odyssée du malade*, 2023.
Olivier NKULU KABAMBA, *La réflexivité dans la relation soignant-soigné. Un regard éthique sur l'empathie*, 2023.
Marc BAUDET, Catherine DAUGAREIL, *Comprendre pour mieux prévenir les maladies cardio-vasculaires. Mieux vaut prévenir que guérir*, 2023.
Padrig MAHE, *Vers un mieux-vivre en EHPAD, Guide pratique pour déployer une Offre d'Activités et d'Animations (OAA)*, 2023.

Roch Mylan Etou

Honneurs à la mathématique

Regard épistémologique sur la mathématique

L'Harmattan

5-7, rue de l'École-Polytechnique – 75005 Paris
www.editions-harmattan.fr
ISBN : 978-2-336-48775-5
EAN : 9782336487755

Remerciements

À l'occasion de la publication *d'Honneurs à la mathématique*, nous présentons nos vifs remerciements à Didier NGALEBAYE et Tshiélikk', tous deux maîtres de conférences CAMES, pour avoir suscité en moi cette vive détermination d'apporter ma contribution au savoir d'humanité.

Nous remercions également et très fraternellement, Messieurs Alex Michel et Georges-Antoine ETOU, pour leurs encouragements multiformes à la publication du présent ouvrage.

Dédicace

Nous dédions *Honneurs à la mathématique* à feu Eva Marcy DONIAMA, qui, j'en suis sûr, aurait aimé le lire avec une très grande attention et aurait éprouvé une immense fierté à mon égard ainsi qu'à mes chers parents Monsieur Antoine Justin ETOU et Madame Mylène DONIAMA, pour nos échanges à propos de l'éducation à la sagesse.

Introduction

Parmi les sciences découvertes par l'homme, la mathématique est sans conteste l'une des plus emblématiques, tant elle contribue de manière considérable au développement sous tous ses aspects, et ce, depuis l'Antiquité. En effet, au fil de son évolution, l'Homme n'a cessé de faire évoluer la mathématique. Du simple calcul à l'établissement de lois descriptives de l'Univers, la mathématique est depuis longtemps la science la plus vitale pour l'homme parce qu'elle représente l'outil le plus indispensable pour satisfaire son désir de connaissance, former son esprit et pour développer la société sur tous les plans. Il n'existe aucune discipline qui ne fasse intervenir la mathématique ; elle est partout et ne cesse d'apporter une énorme contribution au progrès scientifique. Pourtant, j'ai longtemps été confronté à un constat amer : celui de la vision sous-évaluée de la mathématique. Bon nombre de personnes la considèrent comme inutile en raison de sa complexité, ce qui, à mon sens, constitue une ingratitude innommable lorsque l'on examine de près, avec un œil averti, le rôle significatif qu'elle joue dans l'évolution du monde et de la civilisation. De plus, ce manque de gratitude a pour effet de diminuer l'engouement des jeunes désireux de se tourner vers cette discipline. Je ne suis pas mathématicien, mais physicien de formation, je m'estime donc suffisamment informé sur l'implication de la mathématique dans la compréhension de l'immense Univers qui nous entoure. Mes compétences en la matière demeurent humbles jusqu'à ce jour, mais cela ne m'empêche pas de continuer à parfaire mes connaissances sur le sujet. Comme le pensait et disait Richard Feynman : « Les mathématiques sont une science humaine, et ce n'est pas plus compliqué que ce que les humains peuvent comprendre. » L'objectif de cet ouvrage n'est pas d'étaler un récit interminable sur la mathématique, mais simplement de mettre en exergue ses bienfaits afin de lui rendre honneur, sans pour autant la diviniser naturellement, mais plutôt, d'inspirer des vocations scientifiques pour faire avancer le progrès. Aucun progrès ne peut être atteint sans recherche. Qu'elle soit fondamentale ou appliquée, la recherche scientifique est la clé de tout développement. Cependant, avant d'en arriver aux applications diverses et aux résultats pratiques, plusieurs formalismes mathématiques sont mis en place en amont. C'est en cela que la mathématique est indispensable. Elle intervient dans de nombreux domaines comme la physique, la chimie, la biologie, et contribue à confirmer ou réfuter certaines idées philosophiques à travers la logique. Dans l'esprit de certaines personnes, seul le résultat ou le produit fini importe, au point d'en oublier le travail longuement fourni pour en arriver à sa conception. C'est exactement ce que subit la mathématique. Certains pensent qu'elle ne sert à rien, mais pourtant les faits parlent d'eux-mêmes : chaque jour, nous vivons la mathématique au quotidien, elle est autour de nous sous diverses formes, attendant d'être vue, reconnue et comprise par ceux qui en ont le potentiel mais surtout la volonté. Nous parlons ici de volonté. En effet, comprendre et pratiquer la mathématique n'est pas un pouvoir exclusif à quelques élus comme la plupart des gens semblent le penser. Tous les plus grands mathématiciens n'étaient pas forcément des surdoués ou des génies au sens propre. En général, nous avons tendance à nous imposer des enchevêtrements de barrières psychologiques, notamment en pensant que la mathématique ne sert à rien ou qu'elle est trop difficile à comprendre. Cela fait partie des innombrables raisons évoquées pour s'écarter volontairement de cette science qui contribue pourtant énormément à notre bien-être. Il est vrai que c'est une science ardue, mais je pense que c'est surtout une question de volonté, de passion et de vocation. Un chimiste pourrait trouver les mathématiques ennuyeuses, mais la réciproque est également vraie. Il est donc pertinent de se demander si cette science est vraiment difficile en soi, ou si ce n'est pas plutôt une question de passion et de volonté de l'apprendre. Les préjugés sur la mathématique sont tels qu'ils détruisent même le potentiel et la passion de certains jeunes, comme un ver s'immisçant dans un fruit et le rendant incomestible. Il est une chose de ne pas aimer la mathématique ou de ne pas la comprendre, mais c'en est une autre d'en ternir l'image. Une telle science ne saurait demeurer sous-évaluée. Nous sommes conscients que nous ne pouvons pas tous être mathématiciens, mais nous devons faire preuve d'ouverture d'esprit et ne pas condamner ceux qui souhaitent l'être. Bien au-delà de notre volonté d'être ou non mathématicien, nous avons le devoir de ne pas nier ce qui participe fortement à nos avancées. Certaines personnes renient l'efficacité de la mathématique sans même être mathématiciens, tandis que d'autres reconnaissent leur efficacité mais ne voient pas leur utilité dans la vie active, entendant souvent des phrases comme « je ne verrai jamais un x se balader » ou « je ne pense pas qu'on me demandera une limite classique au boulot ». Tous ces préjugés conduisent de plus en plus de gens à fuir cette science comme s'il s'agissait du plus escarpé des chemins qui de plus n'aurait que pour seule destination : la souffrance. Loin de moi l'idée de rabaisser la difficulté d'apprendre la mathématique, il s'agit peut-être bien de la discipline la plus difficile qui soit. Mais même si c'était le cas, ne devrions-nous pas laisser le choix aux plus jeunes de suivre ce chemin si c'est ce que leur dicte leur cœur ? Nous ne devons pas corrompre leur volonté en projetant sur eux nos propres peurs et angoisses, bien au contraire. Nous devons nous contenter de leur montrer les avantages et les inconvénients de leur choix. Comme nous l'avons dit plus haut, la recherche est le centre du progrès. Aucun pays ne peut se développer sans investir dans la recherche. La recherche est donc le moyen le plus efficace de rendre sensible le progrès. Par « progrès sensible », j'entends un progrès issu d'un esprit réaliste et entreprenant, dont les résultats se perçoivent de manière significative comme soutenu longtemps par des philosophes renommés comme Hegel, Marx et même par certains philosophes des lumières lorsqu'on remonte plus loin en arrière. C'est dans l'optique de rendre honneur à la mathématique en tant que science par excellence que je rédige cet ouvrage, mais aussi pour faire prendre conscience de ses bienfaits pour l'homme et de sa participation active à son bien-être. Ainsi, dans cet ouvrage, nous porterons un regard épistémologique sur la mathématique, de leur nature et origine à leur implication dans le développement.

Chapitre 1 :

Nature de la Mathématique

Le mathématicien Ronald Brown définit les mathématiques comme étant la science de la description, de la démonstration et du calcul. Ces trois aspects sont en effet au cœur des mathématiques, formant l'épine dorsale de cette discipline. Par cette définition, Ronald Brown souligne que les mathématiques fournissent non seulement les outils nécessaires à tout calcul, mais qu'elles ont aussi la spécificité de décrire l'univers en étudiant l'abstrait presque dans son intégralité à travers l'établissement de démonstrations logiques et de raisonnements cohérents. Elles jouent un rôle fondamental dans de nombreux domaines scientifiques et applications pratiques. Les mathématiques sont une science formelle qui utilise des raisonnements logiques et déductifs pour formuler des hypothèses, résoudre des problèmes contemporains et, dans certains cas, poser des problèmes en vue d'une résolution future, à l'instar des vingt-trois problèmes de David Hilbert. Il est important de préciser que certaines vérités mathématiques peuvent demeurer valables dans l'abstraction sans pour autant être vérifiées expérimentalement. Cela ne réduit en rien l'efficacité des mathématiques ; au contraire, elles parviennent à décrire de façon logique et précise les phénomènes naturels, ou du moins à en approcher l'essence à travers des méthodes d'approximation telles que les développements limités, l'approximation de Stirling, etc.

La nature intellectuelle de la mathématique repose sur des axiomes démontrés ou sur des postulats acceptés pour leur cohérence. Un processus démonstratif respectant une structure rationnelle est le seul critère de validité d'un énoncé mathématique, car le discours formel établissant une vérité mathématique se doit d'être impérativement logique et cohérent. L'absence de démonstration conduit à une conjecture, mais uniquement si la cohérence de l'énoncé mathématique ne laisse place à aucun doute. C'est ce qui me conduit à définir la mathématique comme la science par excellence alliant abstraction et logique, de manière rigoureuse et intelligible. Elle implique la logique et permet d'établir des relations décrivant la nature de façon parfois déroutante. Elle se révèle d'une efficacité significative pour l'évolution scientifique et technique, ce qui conduit Eugene Wigner à déclarer : « La déraisonnable efficacité des mathématiques dans les sciences de la nature est une chose presque mystérieuse. » En ce sens, nous ne pouvons demeurer dans cette bulle d'ignorance qui nous enferme dans l'idée que la mathématique serait une science inutile ou réservée à une poignée de personnes. De telles pensées conduiront au déclin de cette discipline. Bien que certains s'en désintéressent, il suffit de se poser une question : à quoi ressemblerait un monde sans mathématique ? Cette réflexion permet de réaliser que le monde en lui-même, ainsi que la réalité qui le constitue, est indissociable de la mathématique. Toute personne faisant preuve de bon sens peut comprendre qu'un monde sans mathématiques s'effondrerait comme un château de cartes. Tout le monde ne peut pas être mathématicien, c'est une certitude, mais nous avons le devoir de ne pas détruire la volonté de ceux qui veulent le devenir et qui en ont le potentiel. Si l'on devait donner une autre nature à la mathématique, ce serait justement celle de débloquer l'esprit humain, comme l'explique Charles Torossian dans sa conférence « À quoi sert l'éducation aux mathématiques ? ». Selon lui, l'éducation mathématique permet à l'homme de s'éveiller complètement, en se méfiant des évidences, en se posant la question du « pourquoi ? », et même en posant des questions absurdes qui font avancer la science et développent le sens critique, mettant en lumière des vérités loin d'être évidentes. L'apprentissage des mathématiques dès le plus jeune âge est l'un des moyens les plus efficaces pour activer l'esprit humain, permettant ainsi le développement des capacités innées, de la logique et du raisonnement. Plus on travaille dessus, plus nos capacités s'affûtent, nous rendant capables de résoudre divers problèmes de manière presque intuitive. Cela peut paraître présomptueux, mais l'histoire montre que les prémices des mathématiques ont précédé la découverte de l'écriture. Chaque branche des mathématiques se tourne vers l'exploration de concepts spécifiques et développe des méthodes pour les étudier et les comprendre. Elles sont utilisées dans les sciences physiques, l'ingénierie, l'informatique, l'économie, la finance et les sciences sociales. La méthodologie de la mathématique est distincte de celle des autres sciences car elle repose sur la logique pure, la démonstration et la rationalité. D'un point de vue épistémologique, l'applicabilité de la mathématique est totalement indubitable. Elles s'inscrivent aisément dans les sciences naturelles comme outil indispensable pour la compréhension des phénomènes. Galilée disait d'ailleurs que : « Le livre de la nature est écrit en langage mathématique. » Par cette assertion, Galilée clarifie la nature de la mathématique : nous vivons dans un univers régi par des lois établies mathématiquement par le biais de relations logiques. Cependant, comme le soulignent Denis Bonnay et Jacques Dubucs dans leur article sur la philosophie des mathématiques : « Les philosophes des mathématiques ne sont d'accord sur, à peu près rien. » Les mathématiques portent donc un caractère proprement philosophique, intégrant divers courants philosophiques visant à expliquer rationnellement le monde. La mathématique constitue un immense univers à part entière, avec ses problèmes et ses courants philosophiques, parfaitement explicités par Nicolas Bouleau lors de ses leçons sur les philosophies mathématiques :

- **Le réalisme** : Philosophie selon laquelle l'existence véritable des objets mathématiques ne fait aucun doute.
- **L'intuitionnisme** : Philosophie exigeant une construction explicite de tous les concepts abordés.
- **L'esthétisme** : La beauté des formules mathématiques et des idées symbolise la valeur des avancées mathématiques.

- **Le formalisme** : Philosophie fondée sur l'axiomatisation.

Ces courants philosophiques mettent en exergue la diversité de la mathématique d'un point de vue conceptuel, sans pour autant réduire leur objectif, qui est la résolution des problèmes physiques et la réponse aux questions fondamentales de l'univers. Il est donc déraisonnable pour un philosophe de ne pas utiliser les mathématiques et vice-versa. Les deux sont indissociables, bien que cela soit souvent méconnu. Au fil de l'évolution de la civilisation, la mathématique a su s'adapter et s'incorporer dans la vie quotidienne. Il serait encore plus difficile de décrire l'inutilité de cette discipline dans la société actuelle. La mathématique est omniprésente dans notre vie quotidienne. J'ai souvent rencontré des personnes incapables de voir l'application de la mathématique dans leurs domaines d'exercice, et paradoxalement, ce sont souvent ces mêmes personnes qui la considèrent comme inutile. La mathématique, souvent perçue comme une discipline mystérieuse et complexe, commence cela dit par des fondements simples tels que les nombres. Formés de symboles et de chiffres, les nombres sont des entités abstraites qui permettent de quantifier le monde. Le développement des mathématiques passe par l'évolution des systèmes numériques, de la numération positionnelle au système binaire, développé par Gottfried Wilhelm Leibniz, qui est à la base de l'informatique moderne. L'introduction du système binaire marque une grande évolution et témoigne d'un investissement intellectuel significatif, car l'informatique que nous connaissons aujourd'hui repose sur ce système. L'évolution des mathématiques suit celle des systèmes numériques ; par exemple, le système décimal, basé sur 10 chiffres, a remplacé les chiffres romains en Europe médiévale, considérés comme moins pratiques. L'introduction des systèmes d'arithmétique flottante pour représenter des nombres réels sur les ordinateurs est une avancée permettant des calculs scientifiques de haute précision. À mesure que l'informatique progresse, les mathématiciens contribuent à la création d'algorithmes numériques pour résoudre des problèmes complexes, des calculs astronomiques, des simulations de modèles mathématiques, des logiciels, des systèmes de codage, et de l'intelligence artificielle. Aucun domaine n'est épargné ; les mathématiques permettent de sécuriser les communications et ont donné naissance à la cryptographie moderne. Les principes de la mécanique quantique sont désormais utilisés pour effectuer des calculs plus rapidement que les ordinateurs classiques, et les mathématiciens continuent de repousser les limites de la représentation et de la manipulation des nombres, conduisant à des avancées spectaculaires dans la technologie, les sciences et de nombreux autres domaines de la vie quotidienne. Une fois que nous maîtrisons les nombres, nous pouvons effectuer des opérations mathématiques de base pour résoudre des problèmes et comprendre les relations entre différents éléments quantitatifs. L'addition, la soustraction, la multiplication et la division sont les opérations fondamentales en mathématiques, utilisées pour résoudre une multitude de problèmes, des calculs de base aux concepts les plus avancés. Elles sont essentielles dans de nombreux domaines, de l'arithmétique élémentaire à l'algèbre, la géométrie, les statistiques, la probabilité, et au-delà.

Elles sont fondamentales pour effectuer des calculs, résoudre des équations, prendre des décisions avec des outils statistiques et des méthodes d'analyse. Aujourd'hui, il est intuitif d'effectuer ces opérations de base, comme lors de nos achats ou ventes d'articles. Mais si cette tâche semble aussi simple que de respirer, c'est grâce à un solide apprentissage mathématique. Avec un apprentissage approfondi, nous serons capables de résoudre des problèmes plus vastes et complexes. Il n'y a aucun secret ni aucune magie ; tout est une question de travail, de passion et de détermination. L'algèbre, extension de l'arithmétique, permet de travailler avec des variables et de résoudre des équations pour trouver des valeurs inconnues. Ce que beaucoup ignorent, c'est qu'à partir de l'algèbre, nous sommes capables de travailler avec des échelles infiniment grandes ou petites à l'aide de notions algébriques comme les espaces vectoriels et les matrices. Par exemple, l'espace de Hilbert, fondement de la mécanique quantique, ou l'espace de Riemann, utilisé dans la relativité générale, sont deux domaines de la physique moderne aux avancées exceptionnelles au niveau technologique. Il est courant d'imaginer les mathématiques comme une discipline uniquement abstraite. Cependant, cette vision est réductrice. Les mathématiques ont évolué du domaine abstrait au concret. L'un des domaines d'application des mathématiques est la physique. On dit souvent qu'un physicien est aussi un mathématicien, car les lois de la physique sont formulées et vérifiées par des équations mathématiques. En d'autres termes, les mathématiques sont l'outil du physicien pour modéliser les phénomènes naturels observés.

Chapitre 2 :

Géométrie et Réel

Le rôle des Grecs dans le développement des mathématiques est remarquable, notamment grâce à la contribution du mathématicien Euclide. Considéré par beaucoup comme l'un des plus grands géomètres de tous les temps, Euclide a écrit l'un des ouvrages les plus influents jamais produits dans le monde scientifique, *Les Éléments*, dans lequel sont introduites les notions d'axiomes, de postulats et de méthodes de preuve. Ce faisant, il pose les fondements de ce que l'on connaît sous le nom de « géométrie euclidienne ». La notion de démonstration rigoureuse est également l'une des contributions majeures d'Euclide, car c'est un procédé indispensable pour les mathématiciens ; ce n'est qu'ainsi que leurs idées sont validées par la communauté scientifique, chaque raisonnement devant être soutenu par des preuves solides. L'influence de la géométrie sur le développement de la science est intemporelle. En effet, sans la géométrie, la science n'aurait pas le visage que nous lui connaissons. Elle fournit une base mathématique appropriée pour la modélisation de phénomènes dans divers domaines scientifiques. L'étude de problèmes posés dans des disciplines telles que la physique, la chimie, la biologie et l'informatique s'appuie sur des concepts théoriques bien connus tels que les vecteurs, les repères et les coordonnées. Selon le système étudié, on a recours à des systèmes de coordonnées spécifiques, ceux-ci pouvant être cartésiens, polaires, cylindriques ou sphériques. La description de l'univers physique repose presque exclusivement sur des principes géométriques, à l'instar de la mécanique céleste, qui utilise des modèles géométriques pour décrire le mouvement des planètes. Parmi ces concepts géométriques figurent des notions telles que les espaces vectoriels, les produits scalaires et vectoriels. La géométrie est essentielle dans presque toutes les technologies contemporaines. Des domaines comme la conception graphique, la modélisation 3D, la cartographie et la création d'algorithmes reposent sur des principes géométriques. L'impact de la géométrie sur les autres domaines influe inexorablement sur le quotidien de l'homme, son environnement et ses activités. En architecture, par exemple, la conception des bâtiments, des ponts et d'autres structures repose sur des formes géométriques telles que les cercles, les rectangles et les triangles, ce qui améliore les espaces que nous habitons. Il en va de même pour l'art et le design ; la création d'œuvres visuellement harmonieuses passe souvent par l'utilisation de la géométrie. La beauté visuelle exprimée par l'art et le design découle souvent de l'agencement de motifs géométriques complexes dans des proportions précises et de l'usage des formes symétriques. Que ce soit pour la construction de meubles, de maisons ou d'objets du quotidien, la géométrie est impliquée. Elle s'étend même aux technologies modernes comme la création d'écrans d'ordinateurs et de smartphones, dont la conception intègre des principes et formes géométriques. En effet, les graphismes informatiques et les modèles 3D reposent sur l'application de notions géométriques. La navigation et l'aviation sont également des secteurs ayant grandement recours à la géométrie.

Le réel ne peut être dissocié de la géométrie. Le monde visible et invisible, le réel dans son intégralité, peut être formalisé géométriquement. L'optique géométrique en est une preuve scientifique, elle explicite les phénomènes lumineux et visuels. La quintessence de la géométrie s'étend à différentes échelles de notre réalité ; la géométrie euclidienne, qui décrit l'espace-temps dans la relativité d'Einstein, se révèle impuissante pour en décrire les courbures. À ce stade, on fait appel à la géométrie différentielle ou non-euclidienne, essentielle pour comprendre les phénomènes gravitationnels. D'autre part, la géométrie moléculaire permet d'appréhender l'influence des arrangements spatiaux dans une molécule sur ses propriétés et ses réactions chimiques. L'un des plus grands aspects de la beauté des mathématiques provient de la géométrie, ce qui explique pourquoi celle-ci est intrinsèquement liée à l'art. Léonard de Vinci créait des illusions de profondeur sur des surfaces bidimensionnelles en utilisant la perspective géométrique. Un exemple clair de l'utilisation des formes géométriques pour représenter des sujets de manière abstraite est le mouvement du cubisme, initié par Pablo Picasso et Georges Braque.

Giorgio Israël rapporte dans son livre *La Mathématisation du réel* l'image du monde proposée par Kepler à la fin du XVIe siècle dans son *Mysterium Cosmographicum* : « Le nombre des cieux, leurs proportions et les relations de leurs mouvements auraient été établis par Dieu en accord avec les propriétés des cinq corps réguliers de la géométrie. » Pour Giorgio Israël, le monde est structuré, représenté, déterminé par un réseau compliqué et mystérieux d'harmonie et d'association. Le langage de l'univers, c'est-à-dire les mathématiques, est avant tout « la géométrie ». Toutes les applications et modélisations passent par une géométrisation. Elle est au cœur de la modélisation 3D, de la conception assistée par ordinateur et de l'animation. Les logiciels de conception utilisent des algorithmes géométriques pour créer et manipuler des formes complexes. Elle est omniprésente dans la nature : les structures cristallines des minéraux, les motifs symétriques des fleurs, les formes spiralées des coquillages, les fractales des fougères et la forme des astres en sont des exemples évidents. Tout ce qui est présent dans l'espace-temps peut être décrit par une forme géométrique ou, du moins, par un assemblage structural géométrique. Les fractales, observées sur les fougères ou les flocons de neige, sont des structures géométriques décrites par des équations mathématiques complexes. Benoît Mandelbrot a popularisé l'étude des fractales, montrant comment ces formes se répètent à différentes échelles. Les spirales des coquillages, la disposition des feuilles sur une tige, et d'autres exemples montrent le lien profond entre la géométrie et le réel.

Chapitre 3 :

La Mathématique et les autres sciences

Les mathématiques sont un élément essentiel dans la boîte à outils de la science. Elles interagissent avec diverses disciplines scientifiques, de la physique à la biologie, en passant par la chimie et l'astronomie. La physique est souvent considérée comme la discipline la plus étroitement liée aux mathématiques. Les lois de la physique sont formulées mathématiquement pour décrire l'univers avec la plus grande précision possible. Parmi les exemples d'application les plus connus, on distingue d'une part les lois de Newton et d'autre part les équations de Maxwell. Les travaux de Newton ainsi que ceux de Maxwell constituent le socle de ce que l'on appelle la physique classique. Avant le XXe siècle, tous les phénomènes physiques étaient résolus soit par la mécanique de Newton, soit par l'électromagnétisme de Maxwell. Les célèbres trois lois du mouvement de Newton, par exemple, furent formulées mathématiquement.

Les deux premières lois du mouvement prennent racine dans le principe fondamental de la dynamique (PFD) :

$$\vec{F} = \frac{d\vec{P}}{dt}$$

Avec :

$$\vec{P} = m\vec{V}$$

- Première loi du mouvement :

Si la force F est nulle, alors

$$d\vec{P} = \mathbf{md}\vec{\boldsymbol{V}} = \vec{0}$$

donc la vitesse $\vec{\boldsymbol{V}}$ **est constante**, car d$\vec{\boldsymbol{V}}$=$\vec{0}$

- Deuxième loi du mouvement

Si la masse m est constante, et la force non nulle alors :

$\mathbf{d(m}\vec{\boldsymbol{V}}\mathbf{) = md}\vec{\boldsymbol{V}}$

Donc,

$$\mathbf{md}\vec{V}=\vec{F}\mathbf{dt}$$

L'écriture la plus connue de cette équation est :

$$\vec{F} = m\vec{a}$$

Elle constitue la deuxième loi de Newton

- La troisième loi de Newton est encore appelée principes des actions réciproques. Elle stipule que pour chaque action, il y'a une réaction égale et opposée.

Hormis les trois lois du mouvement établie par Isaac Newton, Nous avons les équations de Maxwell qui posent les bases de l'électromagnétisme en unifiant électricité et magnétisme. Elles se composent de quatre lois fondamentales :

- **Maxwell-Gauss** : Les Charges électriques génèrent un champ électrique($\vec{E}$)

$$div\vec{E} = \frac{\rho}{\epsilon_0}$$

- **flux Conservatif** : Le flux du Champ magnétique ($\vec{B}$) à travers toute surface fermée est toujours nul.

$$\boldsymbol{div\vec{B} = 0}$$

- **Maxwell-Ampère** : Cette loi décrit comment le courant électrique et un champ électrique génèrent un champ magnétique.

$$\overrightarrow{rot}\,(\vec{B}) = \mu_0 J + \mu_0 \epsilon_0 \frac{\partial \vec{E}}{\partial t}$$

- **Maxwell-Faraday** : Cette loi décrit comment un Champ magnétique variable génère un Champ électrique.

$$\overrightarrow{rot}\,(\vec{E}) = -\frac{\partial \vec{B}}{\partial t}$$

Avec :

- $\boldsymbol{div}$: Opérateur divergence
- $\overrightarrow{rot}$: Opérateur rotationnel
- $\vec{E}$: Champ électrique
- $\vec{B}$: Champ magnétique
- **ρ :** Densité de charge
- **J** : Densité de courant
- μ_0 **:** Perméabilité du vide
- ϵ_0 **:** Permittivité du vide

Ces quatre équations décrivent les interactions entre les champs magnétiques et électriques et résument les principes fondamentaux de l'électromagnétisme. En somme, ces lois et équations sont essentielles pour décrire le comportement des objets en mouvement (lois de Newton) et les phénomènes électromagnétiques (équations de Maxwell). Elles fournissent une sphère mathématique idéale pour la compréhension et la prédiction du comportement de l'univers, du mouvement des planètes à la propagation de la lumière et son caractère ondulatoire. À travers ces équations, les scientifiques peuvent modéliser et prédire une grande variété de phénomènes observés, illustrant ainsi la contribution fondamentale des mathématiques à la compréhension de la nature. Ce n'est là qu'un aperçu, car bien d'autres lois décrivent des phénomènes physiques.

Les lois de la thermodynamique, par exemple, sont formulées mathématiquement et décrivent des réalités physiques. L'entropie, définie par le second principe de la thermodynamique, mesure le niveau de désordre dans un système, ainsi plus un système est désordonné plus son entropie est élevée. Par désordre, on entend les différentes configurations microscopiques possibles au sein d'un système d'après la formule de Boltzmann, l'entropie est donc une quantification de ces différentes configurations. Selon le second principe, dans un système fermé, l'entropie augmente avec le temps, et est liée à la flèche du temps, concept instauré par Arthur Eddington comme étant le passage du passé au futur. Ce lien est particulier, dans le sens ou les processus naturels sont caractérisés par une entropie toujours croissante, cette dernière croît au cours du temps du fait de l'irréversibilité de ces phénomènes, intensifiant ainsi son lien avec la flèche du temps qui mathématiquement correspond à un axe orienté du passé vers l'avenir, c'est en ce sens, qu'un verre brisé par exemple ne saurait se reconstituer, qu'un vieillard ne pourrait rajeunir, qu'une chute d'eau ne pourrait remonter le courant d'une cascade car ce sont des processus qui suivent une direction qui semble définie ; ce n'est d'ailleurs pas pour rien que les débats entre philosophes autour de la nature du temps, son lien avec l'entropie et la causalité sont légion. En outre, nous avons également les équations de Schrödinger, utilisées en mécanique quantique, qui illustrent également l'utilisation des mathématiques pour résoudre des problèmes physiques. Les mathématiques jouent un rôle crucial en physique pour la modélisation et l'analyse des phénomènes. Les modèles mathématiques, qu'ils soient simples ou complexes, permettent de faire des prédictions et d'expliquer des observations. Les simulations numériques reposent sur des méthodes mathématiques appliquées à la résolution d'équations différentielles et d'équations aux dérivées partielles, permettant l'étude de phénomènes complexes. Les prévisions météorologiques et les prédictions en cosmologie, telles que celles basées sur le modèle d'expansion de l'univers, dépendent également des mathématiques. Elles sont essentielles pour résoudre des problèmes complexes en physique avancée, y compris en relativité générale, où le calcul tensoriel est utilisé pour décrire les courbures de l'espace-temps. Les mathématiques sont aussi appliquées à la conception de dispositifs, et diverses théories, comme la théorie des probabilités et la théorie des groupes. On les utilise aussi pour modéliser le comportement des particules et les forces qui les gouvernent.

En chimie, les mathématiques sont tout aussi fondamentales. Elles permettent de comprendre la structure des molécules, les réactions chimiques et les propriétés des éléments. Les réactions chimiques sont souvent traduites en équations, et la stœchiométrie est utilisée pour équilibrer ces équations, garantissant la conservation de la masse. La cinétique chimique utilise des équations différentielles pour modéliser la vitesse des réactions. Les équations thermochimiques et les lois de la thermodynamique expliquent l'interaction de la chaleur et de l'énergie avec les réactions chimiques. Les techniques spectroscopiques, telles que la spectroscopie infrarouge et la résonance magnétique nucléaire (RMN), analysent des données avec des méthodes mathématiques avancées comme la transformée de Fourier et la régression linéaire. La modélisation moléculaire, les méthodes de calcul quantique et les statistiques sont largement utilisées pour simuler et analyser les propriétés chimiques et les interactions moléculaires. En chromatographie, la courbe de Gauss est souvent utilisée pour analyser les courbes et garantir une bonne séparation des composés.

En physique et chimie quantique, l'univers est décrit comme un ensemble de différents champs quantiques pour différents types de particule. Ces champs quantiques sont des êtres mathématiques :

- Le champ du boson de Higgs est constitué de nombres.

- Le champ des autres bosons est constitué de vecteurs.
- Le champ des fermions

Ces champs sont caractérisés par le spin :

- Pour les fermions, le spin est demi-entier (1/2, 3/2, etc.).
- Pour les bosons, le spin est entier (0, 1, 2, etc.).

Tous ces concepts sont mathématiques et permettent l'étude approfondie de la structure de la matière et conférant ainsi une compréhension optimale de la symétrie moléculaire.

Le champ des bosons, par exemple, est composé de nombres où la multiplication est commutative,

$$\boldsymbol{x} \times \boldsymbol{y} = \boldsymbol{y} \times \boldsymbol{x}$$

Le champ des fermions, n'est pas composé de nombres ordinaires mais d'outils mathématiques appelés nombres de Grassmann, objets mathématiques issus de l'algèbre extérieure encore appelée algèbre de Grassmann. Les nombres de Grassmann sont anticommutatifs, de plus, une autre particularité c'est que le carré d'un nombre de Grassmann est nul ($\theta^2 = 0$) une propriété normalement impossible pour des nombres réels. Voilà encore une mise en évidence de la puissance des mathématiques, fournir des outils d'une pareille efficacité, comme les nombres complexes, qui sont une extension des nombres réels et jouent également un rôle crucial en mécanique quantique, notamment à travers l'espace de Hilbert. Les nombres de Grassmann sont très utiles pour décrire les particules de matière. Cette différence mathématique marque une discrimination entre fermions et bosons. En effet, l'opération $\boldsymbol{x} \times \boldsymbol{x}$ dans le champ des bosons a pour sens physique la possibilité pour deux bosons de se trouver au même endroit, au même moment. En revanche, cette possibilité n'existe pas pour les fermions. Deux fermions ne se retrouveront jamais au même endroit au même moment, réalité physique traduite par l'anti-commutativité et le carré nul des nombres de Grassmann, Cela nous renvoie à un principe appris au Collège : le principe d'exclusion de Pauli. Ce principe stipule que deux fermions ne peuvent pas être simultanément dans le même état quantique. Cette règle fondamentale explique pourquoi nous ne pouvons pas traverser un matériau solide (chaise, fauteuil, table, mur) lorsque nous nous y appuyons. En effet, les électrons des atomes d'un matériau solide quelconque ne peuvent pas se superposer ou passer à travers les autres électrons en raison du principe d'exclusion de Pauli. Ce principe assure que les électrons occupent des états quantiques distincts, une contribution faite à la stabilité de la matière empêchant ainsi les objets de se traverser.

Fermions	Bosons
$\theta^2 = \mathbf{0}$ $\boldsymbol{\theta_A \times \theta_B = -\theta_B \times \theta_A}$	$x^2 \neq 0$ $\boldsymbol{x \times y = y \times x}$

Différence entre champs de Bosons et champs de Fermions

En chimie informatique, les mathématiques interviennent pour la modélisation des molécules synthétiques. Une cohésion entre la chimie et les mathématiques est cruciale pour progresser dans la compréhension et l'application de la chimie dans les autres domaines.

Contrairement à ce que pourrait penser la plupart des gens, la biologie, y compris la génétique, l'écologie et la modélisation des populations, fait également appel aux mathématiques pour comprendre les processus complexes de la vie. Les équations différentielles sont couramment utilisées pour modéliser la dynamique des populations. Les probabilités et les statistiques sont employées pour modéliser la transmission des gènes d'une génération à l'autre. La génétique des populations utilise des outils mathématiques pour comprendre comment les fréquences génétiques évoluent au fil du temps. L'analyse des séquences d'ADN et de protéines repose sur des algorithmes mathématiques et différents outils statistiques. La modélisation mathématique est plus que récurrente dans les sciences de la vie, elle est utilisée :

- En écologie, pour mettre en évidence la façon dont interagissent les espèces dans un écosystème, leur distribution et la dynamique des écosystèmes.
- En neuroscience pour la compréhension du fonctionnement du cerveau.
- Pour illustrer la transcription de l'ADN et l'ARN en protéines, et d'autres processus moléculaires.
- Pour mettre en évidence différents mécanismes d'évolution, tels que la sélection naturelle, la dérive génétique et les flux de gènes.
- Pour modéliser la propagation des maladies, prévoir des épidémies et évaluer l'efficacité des interventions de santé publique.

Les mathématiques sont utilisées pour comprendre les interactions entre différents composants biologiques afin de produire des phénomènes complexes, tels que la régulation génique ou la signalisation cellulaire.

Chapitre 4 :

Tout est Mathématique

La mathématique ne se limite pas aux salles de classe et aux laboratoires de recherche. Elle est partout autour de nous, façonnant notre vie quotidienne de multiples manières. Comme mentionné précédemment, la mathématique a le pouvoir de libérer l'esprit humain, ce qui se manifeste à travers l'apprentissage mathématique. Aujourd'hui, des opérations élémentaires comme la division, l'addition et la multiplication sont des réalisations intuitives pour beaucoup. Par exemple, dans le commerce, nous rencontrons des personnes qui, sans avoir reçu une éducation formelle, sont capables de faire des calculs fondamentaux pour régler des problèmes de monnaie ou de comptabilité. Cette capacité à effectuer ces calculs sans réfléchir démontre que les compétences acquises en mathématique sont souvent appliquées de manière naturelle dans la vie quotidienne. Approfondir l'apprentissage des mathématiques permet d'acquérir une compréhension plus approfondie des phénomènes et de l'univers qui nous entoure. Un enseignement basique permet des calculs simples, alors naturellement un enseignement plus approfondi ouvre la voie à des calculs plus complexes. Par exemple, en physique newtonienne, nous évoluons dans un espace euclidien avec des calculs vectoriels, mais en évoluant jusqu'en relativité générale, on fait place aux calculs tensoriels, dont les propriétés se fondent sur des notions de géométrie euclidienne ; il nous serait donc impossible d'assimiler le calcul tensoriel sans avoir appréhendé la notion de calcul vectoriel. Les notions mathématiques, qu'elles soient appliquées ou non à la physique, représentent une succession logique de connaissances rationnelles permettant d'explorer l'univers. Comme le dit si bien Cédric Villani, "Tout est Mathématique". La mathématique est au sommet de la hiérarchie des sciences en raison de son efficacité, de sa capacité à décrire et à prédire, et de sa rigueur. Comprendre et vivre la mathématique peut transformer la manière dont on appréhende le monde, offrant une perspective dépourvue de zones d'ombre et un entendement bien plus approfondi des phénomènes naturels.

La mathématique joue également un rôle crucial dans la gestion des finances personnelles, des investissements aux prêts hypothécaires, en passant par la gestion des risques. Elle est indispensable en finances et en comptabilité. Cependant, l'aspect le plus visible de la mathématique dans notre quotidien est sans doute l'informatique. L'informatique repose sur des concepts mathématiques pour résoudre des problèmes complexes et traiter d'énormes quantités de données. Derrière le traitement "automatique" de l'information se cachent des calculs mathématiques très complexes issus de l'informatique théorique. En cryptographie, par exemple, la notion de congruence modulo est fondamentale. La mathématique est omniprésente dans notre société. Comme le souligne Tshiélikk', dans *l'arc ou le segment* : « la physique classique utilise un modèle mathématique consacré à la compréhension du réel qui ne sert pas moins les intérêts de la société humaine. » Il établit une analogie entre la notion de sous-espace vectoriel et l'espèce biologique, chaque vecteur représentant un individu. En raison de tout cela, nous sommes nous-mêmes des êtres mathématiques dotés de raison. Nous vivons la mathématique en tout lieu et à tout moment. Il est donc aberrant de prétendre que la mathématique ne sert à rien dans la vie quotidienne. Cette perception erronée nous laisse oublier que la mathématique est un outil essentiel pour résoudre des problèmes pratiques. La mathématique est un ensemble de nombreux outils qui, séparément, peuvent sembler inutiles mais, lorsqu'ils sont combinés, permettent de résoudre des problèmes complexes. Les théorèmes de Pythagore et de Thalès, la géométrie, la théorie des probabilités, les statistiques, et bien d'autres outils mathématiques contribuent à la résolution de problèmes qui pourraient sembler insolubles. Aucun objet physique n'existe sans la mathématique, et aucune création matérielle ne peut être conçue sans appliquer les principes mathématiques. Les appareils technologiques ainsi que les constructions infrastructurelles sont tous le fruit de la mathématique.

Chapitre 5 :

Probabilité et Possibilité

Dans le langage courant, certaines expressions viennent souvent parasiter nos discours révélant ainsi notre incompréhension de certains concepts. Étienne Klein l'illustre bien dans sa conférence sur "les échecs de la vulgarisation scientifique", en montrant que certains mots, comme coïncidence et causalité, par exemple sont souvent confondus ou mal interprétés. C'est justement le cas pour « probabilité et possibilité ». Les mots, étant des véhicules de sens et de signification, se doivent d'être utilisés avec précision pour éviter toute confusion.

La distinction entre probabilité et possibilité est cruciale. Supposons que je joue au loto (ou à tout autre jeu d'argent de votre imagination). Tant que le résultat n'est connu de personne, personne ne peut être certain du résultat. C'est ici que réside la différence entre possibilité et probabilité. Il est possible que je gagne, mais il est également possible que je perde ; il y a donc deux possibilités. Nous sommes dans une situation d'incertitude car nous ne savons pas quel sera le résultat final.

C'est là que la notion de probabilité intervient. Elle permet de donner une valeur quantifiée à cette incertitude en mesurant nos chances de victoire.

La théorie des probabilités porte sur l'étude des phénomènes aléatoires, et elle repose sur plusieurs concepts fondamentaux :

- **Événements et résultats possibles** : Un événement susceptible d'avoir lieu dans l'espace-temps, comme obtenir pile sur un lancer de pièce. Les résultats possibles sont les différentes retombées de cet événement.
- **Probabilité** : Un nombre compris entre 0 et 1 exprimant la certitude de réalisation d'un événement. Une probabilité de 0 signifie que l'événement est impossible à réaliser, tandis qu'une probabilité de 1 signifie qu'il est certain que l'événement ait lieu.
- **Loi des grands nombres** : Énoncée par Bernoulli, elle stipule que plus on multiplie les expériences d'un événement, plus on se rapproche de sa probabilité théorique. Par exemple, en lançant une pièce mille fois, on s'approchera très probablement d'un équilibre entre les nombres de piles et de faces.
- **Distribution** : La manière dont les probabilités sont réparties parmi les résultats possibles.

Ainsi, la probabilité quantifie la chance qu'un événement se produise, tandis que la possibilité fait simplement référence à l'incertitude quant à sa réalisation. La possibilité est un concept qualitatif, tandis que la probabilité est quantitative, dont la valeur est impérativement comprise entre 0 et 1. La possibilité nous informe sur ce qui peut se produire, à l'inverse la probabilité nous aide à quantifier la chance que ces événements se réalisent de façon effective. En pratique, les probabilités sont essentielles dans des domaines variés comme la météo, où elles permettent de prédire la probabilité de pluie ou de beau temps, et en médecine, pour évaluer les risques et les bénéfices des traitements. La théorie des probabilités, bien qu'initialement développée pour les jeux de hasard par le mathématicien Gerolamo Cardano, a vu ses applications s'accroître grâce aux travaux de Blaise Pascal et Pierre de Fermat. Elle est aujourd'hui un outil fondamental dans de nombreux aspects de la science et de la vie quotidienne.

Chapitre 6 :

Les théorèmes d'incomplétude de Gödel

Rien n'est certain ! La connaissance humaine est à jamais limitée ! La mathématique ne nous offre pas des vérités irréfutables ! Ce sont là des conclusions issues d'une mauvaise interprétation des théorèmes de Gödel. Étienne Klein a souligné, dans son tract *Le Goût du vrai*, la tendance à privilégier les thèses qui nous plaisent au détriment de celles qui nous déplaisent. Cette sinistre habitude peut freiner notre esprit et mener à des incompréhensions profondes, notamment concernant les théorèmes de Gödel. Kurt Gödel, en 1931, publia ses célèbres théorèmes d'incomplétude à l'âge de 25 ans. Son premier théorème stipule que : "En mathématique, il existera toujours des vérités indémontrables." Cette affirmation peut sembler déroutante au premier abord, mais elle découle d'une logique rigoureuse. En effet, Gödel, grand logicien, démontra que la démontrabilité et la vérité ne sont pas toujours alignées.

Pour comprendre ce que Gödel a démontré, il est essentiel de bien appréhender la notion de démonstration. En mathématique, une démonstration est le résultat d'axiomes combinés de façon logique permettant d'aboutir à de nouvelles affirmations appelées théorèmes. Il existe plusieurs systèmes d'axiomes ; la méthode axiomatique consiste à en choisir un, comme les axiomes d'Euclide en géométrie plane, les axiomes de Peano en arithmétique, ou les axiomes ZFC pour des mathématiques plus complexes. Ce choix est crucial car la démontrabilité dépend du système d'axiomes utilisé.

Une affirmation est démontrable dans un système d'axiomes donné, mais cela ne garantit pas qu'elle soit vraie dans tous les contextes. C'est ce qui a conduit David Hilbert à se demander s'il existait un système d'axiomes parfait, c'est-à-dire un système dans lequel tout ce qui est vrai serait démontrable et tout ce qui est faux serait réfutable. Un tel système serait appelé un "système complet". Cependant, Gödel a démontré que cela est impossible.

- **Premier théorème de Gödel** : Pour tout système axiomatique capable d'inclure l'arithmétique, il existera toujours des affirmations ni vraies ni fausses dans ce système, mais indémontrables. Ces affirmations sont appelées des indécidables, et sont soit vraies, soit fausses, mais ne peuvent être ni prouvées ni réfutées à l'aide des axiomes du système. Par voie de conséquence, pour ce qui est de l'arithmétique, tout système axiomatique sera toujours incomplet.
- **Deuxième théorème de Gödel** : La cohérence d'un système ne peut en aucun cas être prouvée en demeurant à l'intérieur de ce système. En

d'autres termes, un système ne peut pas prouver sa propre cohérence en utilisant des axiomes intrinsèques à ce système.

Bien que ces théorèmes puissent sembler catastrophiques, ils ne sont pas nécessairement décourageants. Les propositions indécidables ne sont pas omniprésentes, et il est possible d'en contourner les limitations en utilisant des systèmes d'axiomes plus avancés. Après tout, la richesse et la particularité de la mathématique résident dans son aptitude à nous fournir des outils toujours plus puissants pour l'exploration de vérités indémontrables et pour le développement de systèmes cohérents.

Conclusion

Au terme de ce parcours à travers la quintessence de la mathématique, il est juste de dire que cette discipline est véritablement la science par excellence. L'intention n'est pas de hiérarchiser les différentes sciences, mais plutôt de clarifier ce que l'on peut considérer comme une vérité indubitable, au-delà des croyances et des préjugés. Il s'agit de permettre à chacun de goûter au plaisir intellectuel procuré par l'accès à une part de réalité objective, ce fragment de réalité, cette vérité souvent ignorée, parfois parce que l'on est trop attaché à son propre domaine. Cette tendance n'est pas nouvelle ; la science a toujours été le théâtre de divergences d'opinions. Cependant, lorsque la réalité appose son verbe, l'accepter est une preuve de sagesse.

Ainsi, nous pouvons retenir que la mathématique, par sa nature même, est :

- **Précise** : Réputée pour sa logique rigoureuse et son exactitude dans les démonstrations et les calculs.
- **Universelle** : Un langage intemporel qui transcende les frontières de l'espace et du temps ; la signification des lois et symboles mathématiques est indépendante du lieu ou de l'époque.

- **Omniprésente** : Utilisée autant par les mathématiciens que par les non-mathématiciens, elle se trouve dans des domaines variés comme l'ingénierie, la physique, la chimie, la finance, et la géographie.

David Hilbert affirmait que « la physique est trop difficile pour les physiciens », suggérant que les mathématiciens sont capables de prédire la résolution de problèmes non encore identifiés. Les travaux de Srinivasa Ramanujan en sont un exemple éloquent ; ses contributions ont été révolutionnaires pour la physique des corps célestes, la relativité générale, et plus encore.

L'expression « Tout est mathématique », que je me suis permis d'emprunter à Cédric Villani après avoir visionné plusieurs de ses vidéos et conférences, illustre bien que cette science fournit les outils nécessaires pour comprendre le monde. Elle s'infiltre même dans notre quotidien à travers divers domaines :

- **La cuisine** : Recettes nécessitant des doses précises et des mélanges dans des proportions préétablies.
- **Le sport** : Analyse statistique des performances sportives.
- **La gestion financière**
- **L'économie**

La liste est loin d'être exhaustive, tant les applications de la mathématique sont nombreuses.

En somme, la mathématique est une science certes complexe, mais indispensable au développement de la société. Contrairement à ce que l'on pourrait croire, elle n'est pas inaccessible ; il suffit de croire en ses capacités et de s'engager pleinement pour contribuer au savoir collectif de l'humanité.

Glossaire

Algorithme : Séquence d'opérations permettant la résolution d'un problème.

Axiome : Postulat ou principe évident émis en vue d'une démonstration a posteriori.

Champ : Espace occupé par un objet mathématique (champ scalaire, champ vectoriel) ; au sens physique, c'est un espace dans lequel s'exercent des forces.

Coordonnées : nombres qui précisent la position d'un point dans l'espace et dans le temps.

Divergence : Opérateur différentiel permettant de déterminer la quantité de flux sortant ou entrant d'un point dans un champ. Mathématiquement, la divergence transforme un champ vectoriel en un champ scalaire.

Électromagnétisme : branche de la physique portant sur l'étude des effets magnétiques produits par un courant électrique.

Espace-temps : encore appelée Univers de Minkowski, c'est un modèle topologique combinant les trois dimensions de l'espace et le temps.

Espace vectoriel : structure mathématique décrivant l'ensemble des vecteurs.

Force : effet physique entrainant une variation de la quantité de mouvement.

Formalisme : Ensemble de propositions et de raisonnements visant à mettre en lumière les relations structurelles permanentes entre les éléments d'un même système.

Géométrie : Science mathématique portant sur l'études des formes et des figures en dimension quelconque.

Masse : quantité de matière d'un corps ; son inertie, ou sa résistance à l'accélération.

Mécanique : Science mathématique portant sur l'étude des lois du mouvement.

Modélisation : méthode consistant à étudier un phénomène en le représentant par des équations prédisant la valeur des paramètres.

Principe d'exclusion : deux particules identiques de spin 1/2 ne peuvent avoir (dans les limites posées par le principe d'incertitude) à la fois la même position et la même vitesse.

Relativité générale : théorie d'Einstein basée sur l'idée que les lois de la science devraient être les mêmes pour tous les observateurs, quel que soit leur mouvement. Elle explique la force de gravité en termes de courbure de l'espace-temps quadridimensionnel.

Relativité Restreinte : théorie d'Einstein basée sur l'idée que les lois de la science devaient être les mêmes pour tous les observateurs se déplaçant librement, quelle que soit leur vitesse.

Rotationnel : Opérateur différentiel décrivant la circulation du champ vectoriel autour d'un point. Mathématiquement, le rotationnel transforme un champ vectoriel en un autre champ vectoriel.

Théorème : Proposition scientifique démontrée et établie comme vraie.

Théorie : principe au fondement de toute connaissance rationnelle par opposition à la pratique.

Vecteurs : élément d'un espace vectoriel, caractérisé par une direction, un sens, une norme.

Vitesse : dérivée de la position par rapport au temps.

Bibliographie

1. Bachelard, G. (1934) *La formation de l'esprit scientifique : Contribution à une psychanalyse de la connaissance objective. Librairie philosophique J. VRIN, 5e édition, 1967. Collection : Bibliothèque des textes philosophiques, 257 pages*
2. *Barreau, H. (2009). Du temps physique au temps cosmologique : rétablissement de la flèche du temps, HAL Archives Ouvertes. https://shs.hal.science/halshs-00362433*
3. Bonnay, D. et Dubucs, J. (2011) *La philosophie des mathématiques, HAL Archives Ouvertes. https://hal.science/hal-00617305*
4. Bouleau, N. *sur le rôle des mathématiques dans la société d'aujourd'hui. Version numérique.*
5. Bourbaki, N. (1956) *Éléments de mathématique. Livre 1 : Théorie des ensembles, Paris : Hermann, Actualités scientifiques et industrielles.*
6. *Cassam-Chenaï, P. (2011). Une algèbre pour comprendre les structures électroniques des atomes et des molécules, Hal Archives Ouvertes https://hal.univ-cotedazur.fr/hal-00576535v4*
7. Einstein, A. (1916). *Relativity : The Special and General Theory. Henry Holt and Company.*
8. Israël, G. (1996). *La mathématisation de réel. Éditions du seuil.*

9. Klein, E. *conférence, les échecs de la vulgarisation scientifique.*
10. Klein, E. (2020*). Le goût du vrai. Éditions Gallimard.*
11. Tegmark M. *Notre Univers Mathématique, DUNOD.*
12. Tshiélikk'. (2022). *L'arc ou le segment, ne pas trahir la mémoire des ancêtres, Éditions Vérone.*
13. *Van Atten, M. et Kennedy, J. (2009). « Gödel's Modernism: on Set-Theoretic incompleteness », in Lindström, S. et alli. (eds) Logicism, Intuitionism and Formalism: what has become of them?*

Sommaire

Structures éditoriales du groupe L'Harmattan

L'Harmattan Italie
Via degli Artisti, 15
10124 Torino
harmattan.italia@gmail.com

L'Harmattan Hongrie
Kossuth l. u. 14-16.
1053 Budapest
harmattan@harmattan.hu

L'Harmattan Sénégal
10 VDN en face Mermoz
BP 45034 Dakar-Fann
senharmattan@gmail.com

L'Harmattan Cameroun
TSINGA/FECAFOOT
BP 11486 Yaoundé
inkoukam@gmail.com

L'Harmattan Burkina Faso
Achille Somé – tengnule@hotmail.fr

L'Harmattan Guinée
Almamya, rue KA 028 OKB Agency
BP 3470 Conakry
harmattanguinee@yahoo.fr

L'Harmattan RDC
185, avenue Nyangwe
Commune de Lingwala – Kinshasa
matangilamusadila@yahoo.fr

L'Harmattan Congo
219, avenue Nelson Mandela
BP 2874 Brazzaville
harmattan.congo@yahoo.fr

L'Harmattan Mali
ACI 2000 - Immeuble Mgr Jean Marie Cisse
Bureau 10
BP 145 Bamako-Mali
mali@harmattan.fr

L'Harmattan Togo
Djidjole – Lomé
Maison Amela
face EPP BATOME
ddamela@aol.com

L'Harmattan Côte d'Ivoire
Résidence Karl – Cité des Arts
Abidjan-Cocody
03 BP 1588 Abidjan
espace_harmattan.ci@hotmail.fr

Nos librairies en France

Librairie internationale
16, rue des Écoles
75005 Paris
librairie.internationale@harmattan.fr
01 40 46 79 11
www.librairieharmattan.com

Librairie des savoirs
21, rue des Écoles
75005 Paris
librairie.sh@harmattan.fr
01 46 34 13 71
www.librairieharmattansh.com

Librairie Le Lucernaire
53, rue Notre-Dame-des-Champs
75006 Paris
librairie@lucernaire.fr
01 42 22 67 13

www.ingramcontent.com/pod-product-compliance
Lightning Source LLC
LaVergne TN
LVHW051633071026
849535LV00009BA/3556
* 9 7 8 2 3 3 6 4 8 7 7 5 5 *